essentials

Springer Essentials sind innovative Bücher, die das Wissen von Springer DE in kompaktester Form anhand kleiner, komprimierter Wissensbausteine zur Darstellung bringen. Damit sind sie besonders für die Nutzung auf modernen Tablet-PCs und eBook-Readern geeignet. In der Reihe erscheinen sowohl Originalarbeiten wie auch aktualisierte und hinsichtlich der Textmenge genauestens konzentrierte Bearbeitungen von Texten, die in maßgeblichen, allerdings auch wesentlich umfangreicheren Werken des Springer Verlags an anderer Stelle erscheinen. Die Leser bekommen „self-contained knowledge" in destillierter Form: Die Essenz dessen, worauf es als „State-of-the-Art" in der Praxis und/oder aktueller Fachdiskussion ankommt.

Tilman Grune

Alterungsprozesse und Neurodegeneration

Ein Überblick

Prof. Dr. Tilman Grune
Friedrich-Schiller-Universität Jena
Jena
Deutschland

ISSN 2197-6708
ISBN 978-3-658-05613-1
DOI 10.1007/978-3-658-05614-8

ISSN 2197-6716 (electronic)
ISBN 978-3-658-05614-8 (eBook)

Die Deutsche Nationalbibliothek verzeichnet diese Publikation in der Deutschen Nationalbibliografie; detaillierte bibliografische Daten sind im Internet über http://dnb.d-nb.de abrufbar.

Springer Spektrum

Gedruckt auf säurefreiem und chlorfrei gebleichtem Papier

Springer Spektrum ist eine Marke von Springer DE. Springer DE ist Teil der Fachverlagsgruppe Springer Science+Business Media
www.springer-spektrum.de

Vorwort

Dieses Essential basiert auf dem Lehrbuch „Biofunktionalität der Lebensmittelinhaltsstoffe", herausgegeben von Dirk Haller, Tilman Grune und Gerald Rimbach (Springer Spektrum, 2013). Für die Veröffentlichung in der Reihe Essentials wurde der Text aktualisiert, überarbeitet und erweitert. In Ergänzung zum Hauptwerk wurden hier vertiefend Aspekte der Biologie des Alterns, der Rolle von oxidativen Schäden und der Bildung von Proteinaggregaten während Alterung und Neurodegeneration behandelt. Andere Aspekte, vor allem ernährungsspezifische sind im Hauptwerk ausführlicher und im Kontext mit anderen Kapiteln behandelt worden.

Inhaltsverzeichnis

Einleitung 1

Seit jeher sind Menschen an dem Thema Altern interessiert. Vor allem ist das Interesse der Vorhersage der eigenen Lebenserwartung und der Dauer der gesunden, aktiven Lebensspanne groß. Das Interesse, ein hohes Lebensalter zu erreichen, war schon immer vorhanden, obwohl daran zunehmend der Wunsch nach einem aktiven und gesunden Alter gekoppelt wird. Dieser Wunsch wird besonders prominent, da mit der Erhöhung der Lebenserwartung eine neue Gruppe von Erkrankungen in das Bewusstsein der Bevölkerung rückt – die altersassoziierten Erkrankungen. Zu diesen gehören neben verschiedenen anderen vor allem auch neurodegenerative Veränderungen.

Da die Vorhersage der individuellen Lebenserwartung von Personen heute nicht möglich ist, und evtl. auch niemals möglich sein wird, werden oft demographische Werte, d. h. durchschnittliche Lebenserwartungen von Bevölkerungsgruppen herangezogen. Hohe Lebensalter scheinen mit bestimmten Lebensweisen und Ernährungstypen zu korrelieren. So leben in einigen Regionen der Welt angeblich eine große Anzahl alter Menschen, zum Beispiel auf der japanischen Insel Okinawa, in einigen Regionen des Kaukasus oder in einzelnen Dörfern der Anden. Oft fällt jedoch auf, dass es in diesen Regionen keine verlässlichen Geburtsregister gibt.

T. Grune, *Alterungsprozesse und Neurodegeneration*, essentials,
DOI 10.1007/978-3-658-05614-8_1, © Springer Fachmedien Wiesbaden 2014

Altern 2

2.1 Demographische, gesellschaftliche und gesundheitliche Aspekte

Oft wird in verschiedenen Medien die Botschaft verbreitet, dass der Mensch immer älter würde und dass die Lebenserwartung der Menschheit permanent steige. Mit diesen Aussagen ist vorsichtig umzugehen, da hier zwischen der maximalen Lebenserwartung des Menschen (also einer biologischen Art) und der mittleren Lebenserwartung einer Bevölkerung (oder Bevölkerungsgruppe) zu unterscheiden ist. In der Abb. 2.1 sind Überlebenskurven verschiedener Kohorten einer Art (a–d) in Form der sogenannten Kaplan-Meier-Kurven dargestellt. Diese Kurven geben an, wie viel Individuen einer Kohorte zu der angegebenen Zeit noch leben. Da es sich um Individuen einer Art handelt ist die maximale Lebenserwartung gleich. Unterschiedlich ist nur die Wahrscheinlichkeit von wie vielen Individuen diese annähernd erreicht wird. Ein Maß dafür ist die mittlere (oder auch mediane) Lebenserwartung. Diese steigt in den Kohorten von a) nach d) an (Abb. 2.1), obwohl die maximale Lebenserwartung gleich bleibt. Die mittlere Lebenserwartung nähert sich von a) nach d) immer mehr der maximalen Lebenserwartung an, wird diese aber nie überschreiten.

Heute gelten 122 Jahre als die maximale Lebenserwartung des Menschen, ein Alter das nur von der Französin Jeanne Calmet erreicht wurde. Alle Aussagen, dass Personen älter als 122 Jahre geworden sind, sind unbewiesen, häufig weil sich die entsprechenden Geburtsdaten nicht nachweisen ließen. Auch wenn ein Alter von über 120 Jahren bisher nur einmal erreicht wurde, gibt es dennoch auf der Welt heute überall hochbetagte (100 Jahre und älter) Menschen, obwohl extrem Hochbetagte (über 110 Jahre) sehr selten sind. Damit kann man heute davon ausgehen, dass die maximale Lebenserwartung des Menschen etwa 120 Jahre beträgt. Diese maximale Lebenserwartung ist mehr oder weniger feststehend für eine Art (bzw.

T. Grune, *Alterungsprozesse und Neurodegeneration*, essentials,
DOI 10.1007/978-3-658-05614-8_2, © Springer Fachmedien Wiesbaden 2014

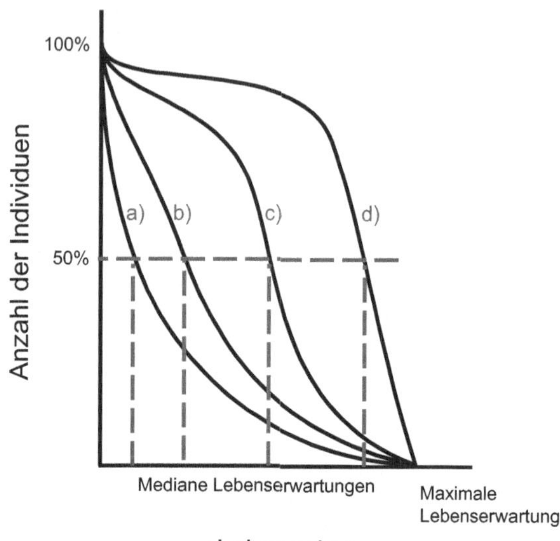

Abb. 2.1 Zusammenhang von maximaler und medianer Lebenserwartung

für einen bestimmten genetischen Pool einer Art). Es gibt somit keine Evidenz, dass sich das maximale Lebensalter des Menschen ändert.

Im Gegensatz dazu ist die mediane (oder mittlere) Lebenserwartung nicht festgeschrieben. Sie bezeichnet das Alter, dass 50 % der Individuen einer Bevölkerung erreichen. Somit gibt sie die 50 %-ige Wahrscheinlichkeit für ein Individuum einer Population an, dieses Alter zu erreichen. Die mediane Lebenserwartung kann erheblichen Schwankungen unterliegen. Diese Variationen hängen von der Lebenssituation, der Ernährung, der medizinischen Versorgung, Seuchenkontrolle und anderen Faktoren ab. In den Industrieländern verzeichnen wir einen ständigen Anstieg der medianen Lebenserwartung. Mit anderen Worten, die mediane Lebenserwartung nähert sich der maximalen (feststehenden) an. Von Bedeutung ist, dass auch die mittlere Lebenserwartung der Menschen über viele Jahrhunderte nahezu konstant blieb. Sie lag im Durchschnitt zwischen 25 und 40 Jahren. Mit Beginn der Industrialisierung begann die mediane (mittlere) Lebenserwartung zu steigen, vor allem mit der Entwicklung der Wissenschaft und der Umsetzung ihrer Ergebnisse in die Praxis. Das betrifft vor allem die Seuchenbekämpfung durch Impfungen und sanitäre Entwicklungen (vor allem in den Städten), die Bekämpfung der Tuberkulose, die Entwicklung von Antibiotika, sowie die verbesserte Versorgung mit Nahrungsmitteln. Vor allem die bedeutenden Erfolge in der Bekämpfung der Infektionskrankheiten trugen zu dieser Entwicklung bei. Dieser Trend wird heute durch die Entwicklung der Medizin weiter vorangetrieben.

Interessanterweise ist der Anstieg der Lebenserwartung über ein Alter von 60 oder 70 Jahren hinaus mit dem verbreiteten Erscheinen neuer Erkrankungen, den altersassoziierten, verbunden. Der Grund dafür scheint zu sein, dass die biologische Evolution nur in einem Lebensbereich greift, der für die Erzeugung und Aufzucht der Nachkommen erforderlich ist. Es scheint, dass in evolutionären Zeiträumen nur auf Merkmale selektiert wird, von denen die Nachkommen einen Nutzen haben, d. h. die genetisch, epigenetisch oder durch Lernen weitergegeben werden können. Ist dieser Prozess abgeschlossen, hat das Weiterleben des Elternorganismus biologisch keine Bedeutung mehr, ja im Prinzip ist der alte Organismus zum Konkurrenten für Nahrungsmittel und Lebensraum geworden. Aus diesem Grund erfolgte die Selektion auf Merkmale für Überleben und Gesunderhaltung nur bis zu einem bestimmten Alter, wird ein höheres Lebensalter erreicht, kommt es häufig zu Verschleißerscheinungen und Erkrankungen. Zu diesen Erkrankungen gehören Herz-Kreislauf-Erkrankungen, Osteoporose, Diabetes mellitus, Krebsleiden und neurodegenerative Erkrankungen. Somit ist der Zuwachs der Lebenserwartung nicht unbedingt mit einem gleichzeitigen Anstieg guter Lebensqualität assoziiert (Villeponteau et al. 2000). Es ist möglich, dass die gewonnenen Lebensjahre in mäßiger oder schlechter Lebensqualität verbracht werden. Diese erhöhte Morbidität ist wiederum mit erheblichem medizinischem Betreuungsaufwand und damit gesellschaftlichen Kosten verbunden. Andererseits, gibt es eine breite Variation in der Fitness der älteren Population. Diese reicht von fitten, körperlich aktiven und gesunden Personen bis hin zu extrem schwachen, völlig abhängigen, pflegebedürftigen Personen mit chronischen Erkrankungen und erheblichen Behinderungen. Dies zeigt zum einen, dass ein fittes Alter möglich ist, und zum anderen, dass individuelle Verhaltensweisen zur Gesunderhaltung beitragen. Dazu gehört neben sportlich, aktiven Lebensweisen auch eine gesunde Ernährung (Haller et al. 2013).

Nicht unberücksichtigt darf dabei bleiben, dass ein Organismus während des Lebens ständigen Veränderungen unterliegt, so dass man davon ausgehen kann, dass ein alter Organismus im Vergleich zu jüngeren andere Bedürfnisse und Anforderungen hat. So ist gezeigt worden, dass sich die Körperzusammensetzung des Menschen mit zunehmendem Alter ändert.

2.2 Biologie des Alterns

Im Laufe der Entwicklung der Altersforschung wurde eine Vielzahl von wissenschaftlichen Theorien über die biologischen Grundlagen des Alterns formuliert und oft auch wieder verworfen (Merker et al. 2001). Oft wurden existierende Standpunkte nur leicht modifiziert, konkretisiert oder neu formuliert. Im Wesentlichen lassen sich Alterstheorien in zwei Gruppen zusammenfassen. Zum einen gibt es Annahmen, die davon ausgehen, dass das Altern entsprechend eines biologischen (genetischen) Programms abläuft, d. h. mit anderen Worten, die Lebenserwartung eines Individuums auf Grund seiner genetischen Disposition vorherbestimmt. Das scheint zu stimmen ist, da verschiedene Arten verschiedene Lebenserwartungen haben. Die andere Gruppe der Alterstheorien geht davon aus, dass die Umwelt, also exogen auf einen Organismus einwirkende Faktoren, den Alterungsprozess bestimmen. Auch dies scheint mit den Beobachtungen des täglichen Lebens übereinzustimmen, da nicht alle Menschen gleich alt werden. Man geht heute davon aus, dass die Lebenserwartung eines Organismus durch die Umwelt bestimmt wird, die auf eine definierte genetische Ausstattung trifft. Dazu kommt noch ein sogenanntes „stochastisches Element". Dieses ist bisher wenig untersucht, kann aber erklären, dass genetisch identische Versuchstiere unter absolut gleichen Lebensbedingungen, ein unterschiedliches Alter erreichen.

Jahrelang wurde versucht, verschiedenste Gene der Langlebigkeit zu finden. Keiner dieser Versuche war erfolgreich, obwohl einige Genveränderungen unter Versuchsbedingungen mit einer Stoffwechsellage verbunden sein können, die zu einer höheren Lebenserwartung führt. Auf der anderen Seite können viele Genveränderungen, oft durch den Ausbruch von Erkrankungen, zu einer Verkürzung der Lebenserwartung führen. In jedem Fall ist die Umwelt, bestehend aus Lebensraum, Lebensstil und Ernährung ein bestimmender Faktor der Lebenserwartung. So konnten Zwillings- und Familienstudien zeigen, dass die genetische Disposition nur mit etwa 25 % zur Langlebigkeit beiträgt.

Biologisch scheinen nur einige wenige molekulare Prozesse an den altersbedingten Veränderungen des Organismus beteiligt zu sein. Auf Organismen- und Organebene gehören dazu der Verlust von Zellen oder Zellvolumen, medizinisch als Organatrophie bezeichnet, die Funktionsveränderung von Zellen, die man unter Seneszenz zusammenfasst, die Anhäufung von nicht-reparablen Mutationen in der DNS von Zellen, sowie die Ablagerung von nicht-funktionellen Proteinen im Gewebe.

In den letzten Jahren hat die Theorie der Telomerenverkürzung besondere Aufmerksamkeit erhalten (Xi et al. 2013). Als Telomere werden sich häufig wiederholende, Guanin-reiche Sequenzen am Ende linearer Chromosomen bezeichnet, die keine genetische Information enthalten und sich bei jeder Zellteilung verkürzen. Biochemisch kann der distale Telomerteil nicht repliziert werden, da hier während der Replikation der RNA-Primer gebunden ist. Erreichen die Telomeren eine kritisch, kurze Länge, tritt ein Teilungsstopp der Zelle ein. Die Verkürzung der Telomere pro Zellteilung scheint unterschiedlich zu sein und interessanterweise von der Umwelt abzuhängen, genauer von der Exposition zu oxidativem Stress (siehe

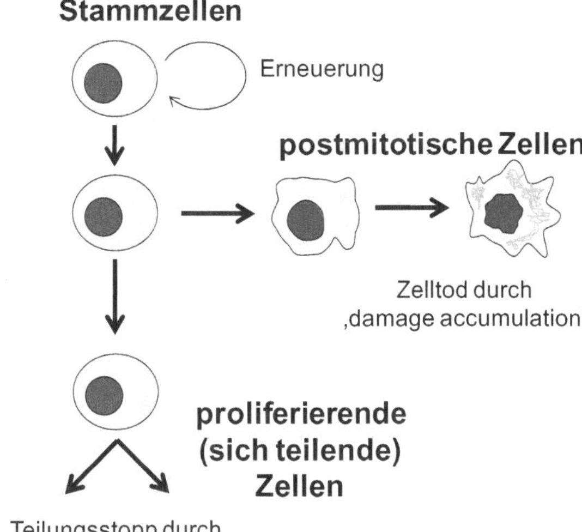

Abb. 2.2 Prinzipien der Alterung von Zellen

unten). Die Telomerverkürzung spielt vor allem bei der Alterung sich teilender Zellen, wie zum Beispiel im Immunsystem oder den Epithelgeweben, eine Rolle. Andere Zelltypen, wie Skelettmuskelzellen und Neurone unterliegen anderen Prozessen der Alterung.

Wie in Abb. 2.2 gezeigt, befinden sich Zellen eines biologischen Systems entweder im mitotischen Zyklus oder sind aus diesem ausgeschieden (permanente G_0-Phase des Zellzyklus). Diese werden hier als sogenannte ‚postmitotische' Zellen bezeichnet. Während der Alterung eines Organismus teilen sich alle anderen Zellen mehr oder weniger regelmäßig. Das führt bei allen somatischen Zellen zu der erwähnten Telomerenverkürzung. Unterschreiten die Telomeren eine bestimmte Länge kommt es zu einem Teilungstopp, d. h. sich teilende Zellen hören auf sich zu teilen und haben damit ihr Alterslimit erreicht. Dieser Prozess wird oft als replikative Seneszenz bezeichnet. Aber auch postmitotische Zellen unterliegen natürlich einer Alterung und einem Funktionsverlust über die Lebenszeit des Organismus. Der entscheidende Faktor hierbei ist die Akkumulation von geschädigten Makromolekülen, die letztendlich zur funktionellen (altersbedingen) Beeinträchtigung der Zellfunktion führt. Der Stammzellpool eines Organismus kann sich über lange Zeiten selbst erneuern, da Stammzellen über das Enzym Telomerase verfügen. Auch die sich teilenden Zellen der Keimbahn und Tumorzellen besitzen eine aktive Telomerase. Aber auch Stammzellen altern über die Lebensspanne eines Organismus.

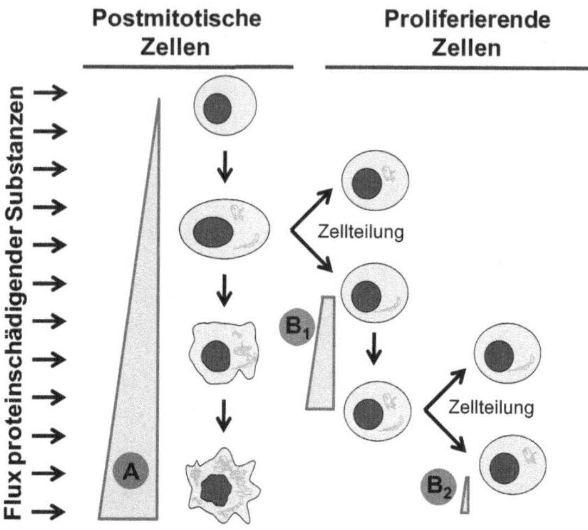

Abb. 2.3 Akkumulation von Proteinaggregaten und zelluläre Teilung

Es sei noch erwähnt, dass sich nicht alle Zellen in einem fortlaufenden mitotischen Zyklus oder für immer aus ihm ausgeschieden sind. Viele Zelltypen befinden sich in einem Zustand der Quieszenz, d. h. sie sind zeitweilig aus dem fortlaufenden mitotischen Zyklus ausgeschieden, können aber bei veränderter Stoffwechsellage und Stimulierung wieder eintreten. Je nach Dauer der Pause und Fortlaufen des Zyklus kommt es während der Alterung dieser Zellen zu beiden beschriebenen Phänomenen in unterschiedlicher Ausprägung.

In sich nicht teilenden Zellen kommt es vor allem zu einem Prozess der Ansammlung von nicht-funktionellen Proteinen. Diese nicht-funktionellen Proteine können unter bestimmten Bedingungen größere Aggregate bilden, die sich im Laufe des Lebens im extrazellulären Gewebe oder in den Zellen selbst ablagern. Dieses hat verschiedene Ursachen und die Proteine können unterschiedlicher Herkunft sein. Proteinaggregate bilden sich in allen stoffwechselaktiven Zellen. In sich teilenden Zellen werden diese Aggregate aber bei jeder Zellteilung wieder „verdünnt", d. h. auf die Tochterzellen aufgeteilt oder bei asymmetrischer Zellteilung an eine Tochterzelle nicht weitergegeben. In sich nicht teilenden Zellen, z. B. Neuronen, findet diese ‚Verdünnung' nicht statt und somit tragen Proteinablagerungen hier maßgeblich zur Alterung bei.

In Abb. 2.3 sind in einem theoretischen Ansatz Überlegungen zur Dynamik der Akkumulation von Proteinaggregaten dargestellt. Es soll davon ausgegangen werden, dass der Flux an proteinschädigenden Substanzen und Agentien während der Lebenszeit einer Zelle immer gleich ist. Diese Annahme ist natürlich nur theoretisch und oft nicht gegeben. Diese Vereinfachung hilft aber, das Modell zu verstehen. Weiterhin soll davon ausgegangen werden, dass sich Reparatursysteme und antioxidativer Schutz während der Zellalterung nicht ändern. Auch diese Annahme vereinfacht die Wirklichkeit. Geht man von diesen Annahmen aus, kommt es in postmitotischen Zellen zu einer quasi-linearen Akkumulation von Proteinaggregaten über die Zeit (A). In Zellen, die sich teilen (B1 und B2), wird die Menge der Proteinaggregate in jeder Zellteilung halbiert (Abb. 2.3). Hier muss die Annahme gemacht werden, dass eine symmetrische Zellteilung stattfindet (zumindest für Körperzellen kann das angenommen werden). Damit wird mit jeder Zellteilung die Menge der Proteinaggregate zurückgesetzt. Mit anderen Worten die Menge der Proteinaggregate in sich teilenden Zellen hängt von der Fluxrate von schädigenden Agentien und der Teilungsrate ab. Je schneller sich eine Zelle teilt, desto geringer ist die Menge der Proteinaggregate.

Im Modell des telomerbedingten Alterns ist der limitierende Faktor für die Zellteilungen die Telomerlänge, während in sich nicht-teilenden Zellen verschiedene „*damage accumulation theories*" (dt.: Schadensanhäufungstheorien) greifen. Diese erklären das Altern durch den ständigen Einfluss schädlicher Agenzien. Eine führende Rolle unter diesen Theorien nimmt die „*free radical theory of aging*" (Harman 1956; Beckman und Ames 1998) ein. Die vielen Varianten dieser Theorie basieren grundsätzlich auf dem gleichen Prinzip, dem schädigenden Einfluss von Radikalen bzw. Oxidantien die irreparable makromolekulare Schäden hervorrufen. Diese bilden die Grundlage für Stoffwechselveränderungen von Zellen, z. B. über Schädigung der DNA oder durch die Bildung von geschädigten Proteinen (Grune 2000).

3 Oxidativer Stress während der Alterung

3.1 Theoretische Grundlagen

Aerobische Lebensformen sind immer mit der Bildung von reaktiven Sauerstoffspezies verbunden. Auf Grund der ständigen Belastung mit diesen teilweise hochreaktiven Agenzien sind während der Evolution Systeme entstanden, die diese toxischen, aktiven Substanzen entgiften bzw. den, durch die Oxidantien-induzierten Schaden reparieren. Da fast alle reaktiven Sauerstoffspezies schädlich sein können und auf Grund der hohen Reaktivität eine direkte, effiziente Entgiftung oft unmöglich ist, bestimmen die Reparaturmechanismen oft das Überleben bzw. die Funktionalität von Zellen und Organismen (Grune 2002).

In einem normal funktionierenden biologischen System, sei es eine Zelle oder ein ganzer Organismus, herrscht eine Balance zwischen sogenannten prooxidativen und antioxidativen Systemen (Abb. 3.1). Prooxidative (A) und antioxidative (B) Systeme bilden somit im gesunden Organismus eine Balance. Geringfügige Auslenkungen dieser Balance kann ein Organismus kompensieren und wieder ein Gleichgewicht herstellen. Ist diese Auslenkung nicht zu kompensieren kommt es im Falle eines Überwiegens der prooxidativen Seite zu oxidativem Stress (Abb. 3.1), der häufig mit Erkrankungen oder Alterungsprozessen einhergeht. Ein überwiegen der antioxidativen Seite kann zu Dysregulation der zellulären Redoxregulation führen. Ob dieses auch zu Erkrankungen führen kann ist unklar.

Unter den prooxidativen fasst man jedwede Bildung von Oxidantien und Radikalen zusammen, während Prozessen antioxidative Systeme die direkte Entgiftung dieser reaktiven Spezies sowie die Reparaturprozesse umfassen. Einige Autoren diskriminieren diese Systeme noch in primäre antioxidative Systeme -zur direkten enzymatischen oder chemischen Entgiftung von Oxidantien- und sekundäre antioxidative Systeme, die einmal entstandene Schäden reparieren und die biologischen Strukturen wiederherstellen. Heute wird zunehmend davon ausgegangen, dass eine Balance der Systeme wichtig ist. Während ein Überwiegen prooxidativer Systeme

T. Grune, *Alterungsprozesse und Neurodegeneration*, essentials,
DOI 10.1007/978-3-658-05614-8_3, © Springer Fachmedien Wiesbaden 2014

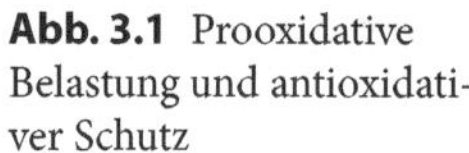

Abb. 3.1 Prooxidative Belastung und antioxidativer Schutz

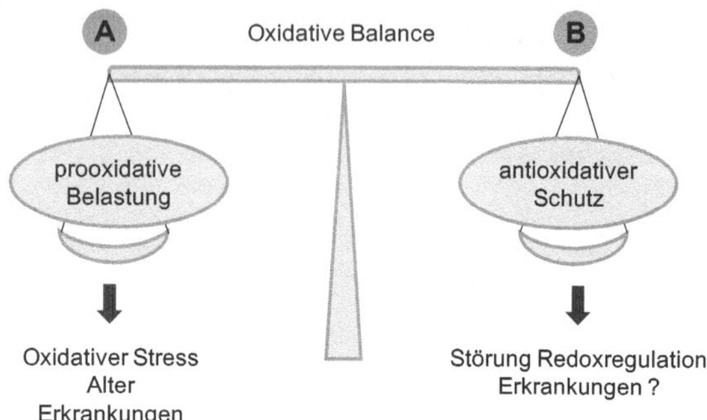

zu einem Zustand führt, der seit vielen Jahren als oxidativer Stress definiert wird (Siems et al. 1995; Sies 1997), ist heute bekannt, dass eine vollständige Unterdrückung aller prooxidativen Stimuli bzw. die übermäßige Stärkung von antioxidativen Systemen zu einer Störung der Redox-vermittelten zellulären Reaktionen führt.

Es ist bekannt, dass der Metabolismus aerober Organismen einen permanenten Flux von Oxidantien produziert. Diese entstehen vor allem in Mitochondrien, in Mikrosomen (dem endoplasmatischen Retikulum) und Peroxisomen. Die der Radikalbildung zugrundeliegenden Prozesse sind die dort lokalisierte mitochondriale Atmung, die mikrosomale Entgiftung von Xenobiotica -hauptsächlich durch das Cytochrom P450-System- und peroxisomale Oxidasen. Auch einzelne Enzyme des Zwischenstoffwechsels sind in der Lage, Oxidantien zu generieren, z. B. die Xanthinoxidase, Enzyme des Katecholaminabbaus und die Lipoxygenasen. Weiterhin wirken chemische Prozesse der Autoxidation. Andererseits kann die Produktion von Oxidantien auch die normale zelluläre Funktion wiederspiegeln. So produzieren Makrophagen und neutrophile Granulozyten ebenfalls Oxidantien über Enzyme wie die NADPH-Oxidase und die Myeloperoxidase. Diese werden dazu benötigt, phagozytierte Bakterien abzutöten und zu zersetzen. Neben diesen endogenen Quellen von oxidativ wirkenden Agenzien gibt es auch exogene Quellen, wie UV-Strahlung, ionisierende Strahlung oder Umweltgifte.

Dieser permanente Fluss von Oxidantien belastet den zellulären Stoffwechsel. Aus diesem Grund muss der Organismus sich vor diesen Substanzen schützen. Eine erste Verteidigungslinie gegen Oxdantien bilden die sogenannten niedrigmolekularen Antioxidantien, die zu den primären antioxidativen Schutzsystemen gehören. Es gibt endogene niedrigmolekulare Antioxidantien, wie Harnsäure, Bilirubin und andere, sowie exogene, wie z. B. die Vitamine C und E sowie Beta-Carotin. Weiterhin gehören die Enzyme Superoxiddismutase, Katalase und das Glutathionsystem zu den enzymatischen (nicht-niedermolekularen) primären antioxidativen Schutzsystemen. Bei aller Effizienz dieser Systeme, können sie nicht den hundertprozentigen Schutz von zellulären Strukturen und Makromolekülen gewährleisten. Um während der Lebenszeit eines biologischen Systems die Akkumulation und Anhäufung dieser geschädigten Strukturen zu verhindern, existiert eine breite Palette von Reparatursystemen, der sekundäre antioxidative Schutz. Hierzu gehören die Reparatur von Strukturen wie Membranen, dem Zytoskelett und dem Chromatin. Diese Reparaturprozesse sind in der Regel komplex und umfassen den Abbau der geschädigten Struktur ebenso wie die Synthese von Ersatzstrukturen, um die Funktionalität wiederherzustellen. Am besten charakterisiert ist sicherlich die DNA-Reparatur. Hier wird im Idealfall die geschädigte Struktur entfernt und durch neue DNA-Nukleotide ersetzt (Iyama und Wilson 2013). Bemerkenswert ist, dass viele Jahre die DNA-Reparatur isoliert betrachtet wurde. Chromatin ist jedoch die funktionelle Struktur im eukariotischen Zellkern. Somit kann davon ausgegangen werden, dass auch die Proteine des Chromatins nach einer oxidativen Belastung repariert oder durch neue, nicht-geschädigte ersetzt werden müssen (Arnold und Grune 2002; Catalgol et al. 2010). Nur wenige Arbeiten widmen sich dieser Problematik. In der Regel werden oxidativ geschädigte Proteine, egal ob aus Chromatin oder Zytosol, abgebaut und durch neusynthetisierte ersetzt. Ausschließlich oxidative Schädigungen von Schwefel-haltigen Aminosäuren können repariert werden. Diese Reaktionen werden durch Protein-Disulfidisomerasen und Methioninsulfoxid-Reduktasen katalysiert. Somit muss der Hauptteil der oxidativ geschädigten Proteine abgebaut werden (Chondrogianni et al. 2014; Höhn et al. 2013). Dieser Abbau wird durch das Proteasom, einer intrazellulären Protease, katalysiert. Neben DNA und Proteinen unterliegen auch zelluläre Lipide einer oxidativen Schädigung. Unter dem Begriff Lipidperoxidation versteht man in der Regel die oxidative Schädigung der mehrfach-ungesättigten Fettsäuren biologischer Membranen bzw. von Lipoproteinen (im Gegensatz zur Lipidoxidation, der enzymatischen beta-Oxidation von Fettsäuren zur Energiegewinnung). Aber auch andere Lipide, wie z. B. Cholesterin, können oxidativ geschädigt werden. Viele der bei diesen Prozessen entstehenden Produkte sind akut toxisch und werden durch sekundäre antioxidative Schutzenzyme abgebaut.

Interessanterweise können viele der primären, als auch der sekundären antioxidativen Schutzsysteme an Stress adaptieren. Mit anderen Worten, bei einmaligem Stress werden viele Schutzenzyme induziert, so dass bei wiederholtem Stress biologische Systeme in der Lage sind, die Zellschädigung zu limitieren. Dieser Prozess wird heute häufig als „Hormesis“ bezeichnet (Calabrese 2013).

Vor über 50 Jahren, genauer 1956, postulierte Denham Harman (Harman 1956), dass die während des Lebens entstehenden Radikale ein wesentlicher, wenn nicht der Faktor sind, welcher den Alterungsprozess bestimmt. Viele Untersuchungen haben seitdem versucht, diese Theorie endgültig zu beweisen oder zu widerlegen. Dieses führte zu weiteren Entwicklungen der Theorie und einem besseren Verständnis des Alterungsprozesses (Beckman und Ames 1998). Obwohl der endgültige Beweis der ‚free radical theory of aging' aussteht, kann man davon ausgehen, dass Radikale, Oxidantien und andere Stressoren im Laufe des Lebens dazu führen, dass Schäden akkumulieren, die nicht repariert werden können und damit den Stoffwechsel beeinflussen. Dieses führt zu den altersbedingten Veränderungen biologischer Systeme und damit zur Alterung (Davies und Grune 2001).

Es wird zunehmend als bewiesen angenommen, dass es während des Alterungsprozesses zu einer gesteigerten oxidativen Belastung kommt. Der Organismus ist anscheinend immer weniger in der Lage, dieser Belastung entgegenzuwirken und es kommt zur verstärkten Akkumulation verschiedenster Schäden, vor allem oxidativer Produkte. Diese führen u. a. zu nicht funktionstüchtigen Zellen oder zum Zelltod. Die Folge ist eine Einschränkung von Organfunktionen oder der funktionellen Reserven von Organen. Im fortgeschrittenen Stadium kann dies zu altersassoziierten Erkrankungen, wie verschiedenen Neurodegenerationen, zur Makuladegeneration aber auch zu Krebserkrankungen führen. Bei (fast) allen altersassoziierten Erkrankungen kann man in der ausgeprägten Form oxidative Belastungen nachweisen.

In der heutigen Zeit wird die altersassoziierte Multimorbidität mit therapeutischen Maßnahmen bekämpft. Dies kann dazu führen, dass es durch den Metabolismus der zugeführten Pharmaka zu einer Verstärkung der oxidativen Prozesse, evtl. auch nur lokal, kommt (Isin und Guengerich 2007). Aus diesem Grund sind vorsichtige Anwendungen oder weitere Entwicklungen im Bereiche der Geronto-Pharmakotherapie nötig. Im weitesten Sinn gilt das natürlich auch für Lebensmittel, da die Inhaltsstoffe von Lebensmitteln über die gleichen Enzymsysteme verstoffwechselt werden.

3.2 DNA-Oxidation

Die Oxidation von Nukleinsäuren kann auf verschiedene Weise gemessen werden. Zum einen kann die Oxidation von Nukleinsäuren direkt in der Zelle analysiert werden, zum anderen gibt es eine Vielzahl von Methoden, um oxidativ modifizierte freie Basen im Serum oder im Urin bestimmen. Bei der letztgenannten Methodengruppe ist zu beachten, dass hier auch immer Prozesse der Nukleinsäuren-Reparatur bzw. des Abbaus, die die modifizierten Basen freisetzen, oder Transportprozesse aus der Zelle eine Rolle spielen. Weiterhin ist zu beachten, dass eine modifizierte Nukleobase sowohl aus der DNA als auch aus der RNA stammen kann.

Es kann somit Unterschiede in der Analytik von Nukleobasen und Nukleosiden geben. Ein weiterer Einflussfaktor für freie Nukleobasen ist möglicherweise deren Aufnahme mit der Nahrung.

Die Analyse von Nukleinsäurenmodifikationen in der Zelle ist ebenfalls durch die Geschwindigkeit der entsprechenden Reparaturprozesse beeinträchtigt. Hier können neben den Basenmodifikationen auch noch Strangbrüche der DNA und Chromosomenveränderungen analysiert werden. Neben den klassischen analytischen Verfahren, z. B. nach DNA-Extraktion, stehen hier eine Vielzahl immunochemischer, elektrophoretischer und anderer Verfahren zur Verfügung.

Bei korrekter Anwendung können all diese Methoden einen oxidativen DNA-Schaden nachweisen. Einige Untersuchungen zeigen eine Korrelation von DNA-Schäden mit der Alterung (Ames 1989; Fujibayashi et al. 1998; Hayakawa et al. 1992, 1993;). Detaillierte Untersuchungen scheinen immer wieder zu zeigen, dass es vor allem zu einer Schädigung von mitochondrialer DNA kommt, die im Alter ansteigt (Arnheim und Cortopassi 1992; de la Asuncion et al. 1996; Fahn et al. 1996; Gupta et al. 1990; Hayakawa et al. 1992, 1993; Kazachkova et al. 2013; Ning et al. 2013; Park Larsson 2011). Dieser Anstieg ist nicht in allen Geweben gleichmäßig und scheint somit unterschiedliche Konsequenzen für die Funktionalität zu haben (Higami et al. 1994; Sai et al. 1992;). Interessanterweise scheint die Akkumulation von altersbedingten DNA-Schäden nicht linear zu verlaufen. Einzelne Studien fanden die höchste DNA-Schädigung in der mittleren Lebensphase (Muscari et al. 1996). Die Gründe hierfür sind unklar.

3.3 Lipidperoxidation

In biologischen Systemen war die Lipidperoxidation einer der ersten untersuchten oxidativen Prozesse. Seither gibt es eine Vielzahl von Untersuchungen zur Rolle der Lipidperoxidation in verschiedenen Erkrankungen. Viele Studien gibt es auch zu Lipidperoxidationsprozessen während der Alterung. Diese sind interessanterweise sehr widersprüchlich (Lippman 1985; Rikans und Hornbrook 1997; Sharma und Wadhwa 1983;). Ein Grund für diese Widersprüche kann im methodischen Bereich liegen, da jedwede Messmethode der Lipidperoxidation schwer zu standardisieren ist. Selbst nach mehr als 50 Jahren Bestimmungen von konjugierten Dienen, aldehydischen Lipidperoxidationsprodukten, wie z. B. dem Malondialdehyd, und anderen Produkten gibt es keine international vergleichbare und standardisierbare Methode. Selbst gleiche Methoden zeigen sehr unterschiedliche Ergebnisse, wenn sie in verschiedenen Laboratorien angewendet werden, obwohl die Reproduzierbarkeit in ein und demselben Labor hinreichend gut ist (Breusing et al. 2010). Weiterhin ist bekannt, dass sich während der Alterung verschiedene Parameter von Zellen und Geweben ändern, so z. B. die Zellgröße, das Verhältnis extrazelluläre Matrix zu intrazellulärem Volumen, die zelluläre Zusammensetzung von Geweben und mehr. Damit ist es schwer geeignete Standardisierungsparameter zu finden, da die üblichen, wie Gewicht oder Proteingehalt, selbst einer Änderung unterliegen. Das trifft natürlich auch auf andere Messungen, z. B. Proteinoxidation oder Enzymaktivitäten zu. Währenddessen ist der DNA-Gehalt pro Zelle konstant, so dass Messungen der DNA-Oxidation diesen Fehlern weniger unterliegen.

Trotz allem häufen sich die Hinweise darauf, dass die Lipide der zellulären Membranen mit dem Alter zunehmend peroxidiert werden und immer mehr Lipidperoxidationsprodukte vorliegen bzw. gebildet werden (Chia et al. 1983; Rodriguez-Martinez und Ruiz-Torres 1992; Rikans und Cai 1992; Sawada und Carlson 1987; Zhang et al. 1994;).

3.4 Proteinoxidation

Neben DNA und Lipiden kann natürlich auch die dritte zelluläre Komponente, die Proteinfraktion, oxidativ geschädigt werden. Sowohl die Oxidation von freien Aminosäuren als auch von Peptiden und Proteinen wurde von vielen Laboratorien untersucht (Dean et al. 1997; Naskalski und Bartosz 2000; Stadtman 1990), um den chemischen Reaktionsmechanismus und die Art der Produkte zu analysieren. Neben den chemischen Veränderungen von Aminosäuren, kommt es in Proteinen nach Oxidation zu Fehlfaltungen und Auflösungen der Sekundär-, Tertiär- und Quartärstrukturen. Dies hat eine besondere Bedeutung für die Bildung von Proteinaggregaten. Entsprechend der thermodynamischen Gesetze sind in einem nativ-gefalteten Protein die hydrophoben Aminosäuren im Inneren, so dass diese keinen Kontakt zum hydrophilen Lösungsmittel haben. Kommt es zur Oxidation von Proteinen, wird diese Faltung zerstört und die Aminosäuren aus dem hydrophoben Kern des Proteins kommen an die Oberfläche. Im Weiteren binden diese Strukturen andere hydrophobe Motive -oft von anderen Proteinen- und bilden so ein sogenanntes "Proteinaggregat". Dieses Proteinaggregat unterliegt weiteren chemischen Reaktionen, die zu einer kovalenten Vernetzung führen. Es sei hierbei erwähnt, dass sich auf der Oberfläche eines oxidierten Proteins eine Vielzahl reaktiver Gruppen, wie Ketone, Aldehyde, Hydroperoxide, Alkoxylradikale und andere befinden. Dieses amorphe, vernetzte Proteinaggregat wird in der Zelle abgelagert. Säugerzellen sind nicht in der Lage, dieses Material abzubauen oder es abzustoßen. Damit bildet es die Grundlage für ein Material, dass als „Lipofuszin" oder „intrazelluläres Alterspigment" bezeichnet wird.

Es gibt eine Vielzahl von Untersuchungen zur Proteinoxidation in der Alterung. Viele Experimentatoren benutzen bei diesen Messungen die Bestimmung von Proteinkarbonylen, einem weitgehend akzeptierten Marker der Proteinoxidation. Die meisten dieser Untersuchungen konnten zumindest die Tendenz zu einem altersbedingten Anstieg der Proteinoxidation nachweisen (Butterfield et al. 1998, Nov 20, S. 448–462, 854; Breusing et al. 2009; Breusing und Grune 2008; Grimm et al. 2011; Jung et al. 2007; Kästle und Grune 2011; Merker und Grune 2000; Widmer et al. 2006). Eindeutiger ist der Nachweis der Akkumulation von oxidierten Proteinaggregaten in der Alterung, der unzweifelhaft ist (siehe unten).

Neben den Prozessen der Proteinoxidation können auch andere Modifikationen von Proteinen zu solch einer Aggregatbildung führen. Vor allem die Glykoxidation von Proteinen, d. h. die Reaktion von Proteinen mit Zuckern spielt hier eine herausragende Rolle (Dunn et al. 1989; Hunt und Wolff 1991; Nass et al. 2007; Nedić et al. 2013; Wolff et al. 1991).

3.5 Verlust der antioxidativen Stressantwort

Neben den Oxidationsprozessen, die direkt zelluläre Strukturen zerstören können, kommt es während der Alterung zu einer zunehmenden Abschwächung der antioxidativen Stressantwort, d. h. biologische Systeme sind nicht mehr in der Lage, an oxidativen Stress zu adaptieren und es kommt zu vermehrten oxidativen Schädigungen. So konnte gezeigt werden, dass in einigen Fällen der Gehalt an Antioxidantien abfällt (Beyer et al. 1985; De und Darad 1991; Ito et al. 1998; Vericel et al. 1994; Vandewoudeund und Vandewoude 1987), obwohl diese Untersuchungen nicht immer eindeutig sind und nicht für alle Gewebe zu gelten scheinen. Die potentiell mögliche Unterversorgung mit einigen nutritiven Antioxidantien (Haller et al. 2013) führte einige Autoren dazu eine Empfehlung für einen Antioxidantiensupplementation zu geben. Nach der heutigen Datenlage ist die Empfehlung einer flächendeckenden Supplementation mit Antioxidantien nicht 100 %ig gerechtfertigt.

Wie bereits erwähnt, sind niedrigmolekulare Antioxidantien nur ein kleiner Teil der antioxidativen Schutzmechanismen. Auch andere antioxidative Systeme, wie das Glutathionsystem und die Superoxiddismutasen (Allen et al. 1999, 1995; Duncan et al. 1979; de Haan et al. 1992; Ghatak und Ho 1996; Kurata et al. 1993; Mo et al. 1995; Sohal et al. 1990; Semsei et al. 1991) scheinen mit dem Alter abzufallen. Das gilt ebenfalls für sekundäre Schutzmechanismen, wie DNA-Reparatur, Proteinabbau und Abbau aldehydischer Lipidperoxidationsprodukte (Siems und Grune 2003). Auch diese Ergebnisse sind nicht unwidersprochen, eine Tendenz zu einem altersbedingten verringerten antioxidativen Schutz zeichnet sich aber ab.

Gehirn und Neurodegeneration 4

4.1 Besonderheiten der Anatomie und des Gehirnstoffwechsels

Das Zentralnervensystem enthält verschiedene Typen von Zellen. Im Wesentlichen sind das die Neuronen, als eigentliche Zellen der Erregungsleitung und höheren Nerventätigkeit, verschiedene Gliazellen, vor allem Astrozyten und Oligodendrozyten, Zellen des makrophagialen Systems, im Nervensystem als Mikroglia bezeichnet, und die Endothelzellen des Gefäßsystems. In diesem Abschnitt soll vor allem auf die biologischen und zellbiologischen Besonderheiten der Neuronen eingegangen werden, die relevant für die biochemischen Veränderungen im Alter und in einigen neurodegenerativen Erkrankungen sind. Eine umfassende Charakterisierung des Stoffwechsels des Zentralnervensystems kann hier nicht erfolgen. Bemerkt sei, dass auch die nicht-neuronalen Zellen des Gehirns altersbedingten Veränderungen unterliegen. Diese sind aber wesentlich weniger untersucht, obwohl vor allem Änderungen im Stoffwechsel der Astrozyten von entscheidender Bedeutung für die Versorgung der Neuronen sein können. Auch Veränderungen in der Funktionalität der Mikroglia im Alter liegen vor (Stolzing und Grune 2003; Stolzing et al. 2006), auch wenn diese noch nicht vollständig verstanden werden.

Neuronen sind die informationsverarbeitenden Zellen des Nervensystems. In verschiedenen anatomischen Bereichen des Zentralnervensystems liegen unterschiedliche funktionelle und anatomische Formen von Neuronen vor. Auch die Häufung der Neuronen, d. h. die Zelldichte und das Verhältnis Neuronen zu Astrozyten bzw. Zellen zu nichtzellulärem Material, ist in verschiedenen Bereichen des Nervensystems sehr unterschiedlich. Allen Neuronen ist gemeinsam, dass sie aus einem Zellkörper, einem Axon und einem oder mehreren Dendriten bestehen. Über Axone und Dendriten und die zwischen ihnen bestehenden Kontaktstellen, die Synapsen, kommunizieren Nervenzellen miteinander. Einige Axone werden durch eine von den Oligodendrozyten gebildete Myelinschicht geschützt. Diese

T. Grune, *Alterungsprozesse und Neurodegeneration*, essentials,
DOI 10.1007/978-3-658-05614-8_4, © Springer Fachmedien Wiesbaden 2014

Schicht beschleunigt die Erregungsleitung der elektrischen Nervenimpulse außerordentlich.

Das Hirngewebe wird vom Rest des Körpers durch die besonders undurchlässige Blut-Hirn-Schranke abgegrenzt. Diese wird durch Endothelzellen unter Stimulierung der Astrozyten gebildet. Über diese Blut-Hirn-Schranke wird ein selektiver Stofftransport in das Gehirn gewährleistet. Damit unterliegt das Gehirn einer besonders regulierten Nährstoffversorgung, aber auch der Transport von Wirkstoffen (Pharmaka) in das Gehirn ist oft erschwert. Innerhalb des von der Blut-Hirn-Schranke umgrenzten Bereiches zirkuliert die *Liquor cerebrospinalis*, die Gehirn-Rückenmarksflüssigkeit.

Da das Gehirn bei einem Gewichtsanteil am Gesamtkörpergewicht von ca. 2 % mehr als 20 % des aufgenommenen Sauerstoffs verbraucht, unterliegen die Strukturen im Gehirn besonderen oxidativen Belastungen. Das Gehirn produziert den größten Teil der benötigten Energie über die mitochondriale Atmungskette, deren Funktion immer mit der Produktion von reaktiven Sauerstoffspezies verbunden ist. Interessanterweise sind die antioxidativen Abwehrmechanismen in einigen Zelltypen des Gehirns nur mäßig ausgeprägt. Damit kommt es zu permanenten prooxidativen Stoffwechsellagen, die sich im Alter anscheinend verstärken (Juurlink et al. 1998). Auch die Fähigkeit zur Aufrechterhaltung der Gewebehomöostase durch mikrogliale Zellen fällt altersbedingt ab und es kommt zu Fehlaktivierungen der Mikroglia, die sich in neuroinflammatorischen Reaktionen und ebenfalls einer überschießenden Oxidantienproduktion äußern (Stolzing und Grune 2003; Stolzing et al. 2006).

Neben dieser prooxidativen Stoffwechsellage, ist eine Besonderheit neuronaler Zellen der Verlust ihrer Teilungsfähigkeit. Mit anderen Worten nach der perinatalen Ausbildung der Neuronen müssen diese für das gesamte Leben, also über mehrere Jahrzehnte hinweg, funktionieren. Während die meisten anderen Zellen unseres Körpers nur eine begrenzte Zeit funktionieren bzw. sich die Fähigkeit zur Teilung erhalten haben, gilt dies also für Neuronen nicht (eine andere Ausnahme sind die Fasern der quergestreiften Muskulatur). Damit akkumulieren in einem Neuron alle nicht-reparablen oxidativen Schäden, sowohl der DNA als auch in Proteinen und Lipiden. Dazu kommt noch, dass einzelne Neurone oft sehr lange Axone besitzen. Damit müssen sehr viele notwendigen Strukturen (Proteine, Membranen, Lipide) durch einen einzelnen Zellkern produziert werden. Dies setzt eine hohe synthetische Stoffwechselaktivität voraus.

Alle diese Gründe führen dazu, dass es zu ausgeprägten altersbedingten Ablagerungen oxidativer Stoffwechselprodukte in Neuronen und im Gehirn gibt. Auch scheinen diese Besonderheiten des Gehirns die Grundlage für die Ausprägung von krankheitsbedingten Veränderungen zu sein. Diese Gruppe der Erkrankungen werden als neurodegenerative Veränderungen zusammengefasst. Verschiedenen Autoren zählen unterschiedliche Erkrankungen dazu, wobei allen neurodegenerativen Erkrankungen gemeinsam ist, dass es zu degenerativen Veränderungen von Neuronen über einen längeren Zeitraum kommt (unter degenerativ ist hier das schrittweise Absterben der Zellen zu verstehen).

4.2 Ausgewählte neurodegenerative Erkrankungen

Alle neurodegenerativen Erkrankungen sind durch einen langsamen Verlauf, durch eine fortschreitende Verringerung der funktionellen Reserven des Gehirns, bedingt durch ein Absterben von Neuronen, durch die Akkumulation von Proteinaggregaten und durch das vermehrte Auftreten von oxidativem Stress gekennzeichnet. Einige neurodegenerative Erkrankungen sind im folgenden Text kurz charakterisiert.

4.2.1 Morbus Alzheimer (Alzheimer Disease, AD)

Die Alzheimersche Erkrankung ist die am häufigsten auftretende Demenzform und damit auch die häufigste neurodegenerative Erkrankung. Bei dieser Erkrankung kommt es zur Ablagerung von zwei verschiedenen Typen von Proteinaggregaten. Zum einen sind das die senilen Plaques und zum anderen die intrazellulären Alzheimer-Fibrillen.

Die senilen Plaques bestehen vor allem aus dem sogenannten Aβ-Peptid (Amyloid-beta Peptide) Dieses Peptid wird durch eine fehlerhaftes Prozessierung aus dem sogenannten APP (Alzheimer Precursor Protein) gebildet (Abb. 4.1). Das zelluläre, membranständige APP kann durch drei Proteasen (hier als Sekretasen = Sec bezeichnet, Abb. 4.1) gespalten werden. Eine Spaltung durch die α-Sekretase (oberer Prozessierungsweg) führt zur Bildung des sekretorischen APPα (sAPPα). Ein nachfolgender Abbau der membranständigen Peptidkette durch die γ-Sekretase führt zu dem sogenannten P3-Peptid und einem membranständigen Polypeptid. Dieser Abbau ist unproblematisch und scheint der physiologische zu sein. Aus unbekannten Ursachen kommt es bei der Alzheimerschen Erkrankung zum unteren Prozessierungsweg (oder vermehrt zu diesem Weg). Hierbei spaltet die β-Sekretase das APP unter Bildung des APPβ. Die nachfolgende Spaltung durch die γ-Sekretase setzt das Aβ-Peptid frei. Dieses Peptid ist Hauptbestandteil der senilen Plaques, die bei der Erkrankung vermehrt gefunden werden. Die Funktion des APP und der Grund für die fehlerhafte Prozessierung sind unklar. In den senilen Plaques kommt es zu Ablagerungen weiterer Proteine und zu entzündlichen Prozessen.

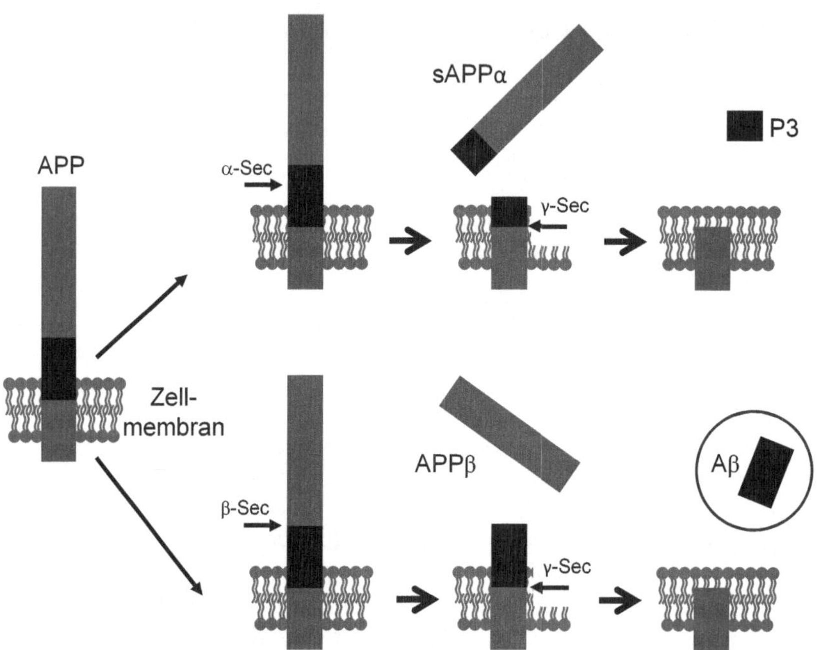

Abb. 4.1 Prozessing des APP (Amyloid precursor protein)

Die intrazellulären Alzheimer-Fibrillen bestehen vor allem aus hyperphosphorylierten Tau-Protein, welches eine wesentliche Rolle im intrazellulären Stofftransport spielt. Durch verschiedene Phosphorylierungsstufen wird die Funktion des Proteins geregelt. Aus unbekannten Gründen kommt es zu einer verstärkten Phosphorylierung des Proteins und damit zu einer Proteolyseresistenz. Dieses führt zur Ansammlung und letztendlich zur Aggregation des Proteins.

Wie beide Proteinakkumulationen zusammenhängen und ob beide entscheidend für den Ausbruch der Erkrankung sind, ist unklar. Auch wird bei der Alzheimerschen Erkrankung oxidativer Stress von vielen Autoren als Primärursache (von anderen nur als begleitende Erscheinung) angesehen.

Es gibt keine Hinweise auf eine genetische Ursache der meisten Formen der Alzheimerschen Erkrankung, obwohl familiäre Formen bekannt sind. Die genetischen Ursachen sind Mutationen im Bereich des APP oder der Prozessierung des APP und zeichnen sich durch einen relativ frühen Ausbruch der Erkrankung aus. Bei den sporadischen Erkrankungen liegt das Erkrankungsalter jenseits des 65. oder auch des 70. Lebensjahres. Es gibt allerdings auch genetische und individuell bedingte Prädispositionen für die Erkrankung. Zu den eindeutigen genetischen Prädispositionen gehört das ε4 Allel des ApoE-Gens. Das ApoE (Apolipoprotein E) ist am Cholesterinstoffwechsel beteiligt und Träger des ε4 Allels haben eine bis zu 8fach höhere Wahrscheinlichkeit an Alzheimer zu erkranken, verglichen mit den anderen Formen ε2 und ε3. Zu den individuellen Risikofaktoren gehören Veränderungen im kardiovaskulären System, Bluthochdruck, Diabetes, hohe Cholesterinspiegel, aber auch überstandene Unfälle mit Schädel-Hirn-Traumata.

4.2.2 Morbus Parkinson (Parkinsons Disease, PD)

Bei dieser relativ weit verbreiteten neurodegenerativen Erkrankung sind dopaminerge Neurone der Substantia nigra selektiv betroffen. Deren Absterben führt zu hypokinetisch-hypotonen Bewegungsstörungen. Hauptursache für die Anfälligkeit der dopaminergen Neuronen ist die Verstoffwechslung von Dopamin. Diese beinhaltet als Zwischenschritt die Bildung toxischer Semichinon-Spezies, die oxidativ wirken. Katalysiert wird dieser Stoffwechselweg über die Monoaminoxidase, so dass es über eine Störung der oxidativen Balance und eine Störung des Mitochondrienstoffwechsels zum neuronalen Zelltod kommt.

PD manifestiert sich oft jenseits des 60. Lebensjahres, obwohl auch juvenile Formen existieren. In den betroffenen Neuronen kommt es zur Ansammlung von Proteinaggregaten in Form der sogenannten zytoplasmatischen Lewy-Bodies. Hauptbestandteil dieser Lewy-Bodies ist das Protein Synuclein. Dieses Protein liegt in PD oft mutiert vor. Oxidative Prozesse fördern die Aggregation von Synuclein. Interessanterweise kommt es zur Aggregation von Synuclein nicht nur im Verlauf der PD sondern auch in anderen neurodegenerativen Erkrankungen.

Neben den „klassischen" Formen des Morbus Parkinson gibt es auch Formen die durch Toxine erzeugt werden können. So zum Beispiel durch das Neurotoxin MPP^+.

4.2.3 Amyotrophe Lateralsklerose (Amyotrophic Lateral Sclerosis, ALS)

Im Verlauf der amyotrophen Lateralsklerose (ALS) kommt es zur Degeneration der motorischen Neuronen des Rückenmarks. Auch Neurone des Hirnstamms und Pyramidenzellen des motorischen Kortex sind betroffen. Diese Degeneration ist über viele Jahre progressierend und es kommt oft letztendlich zum Tod durch die fehlende Innervation der Atmungsmuskultur. In späten Phasen der Erkrankung sind nicht nur Motorneurone betroffen. In den betroffenen Motorneuronen kommt es zur Ablagerung von Proteinaggregaten. Es gibt familiäre und sporadische Formen der ALS. Interessanterweise hat man bei etwa 10–20 % der familiären Formen eine Mutation des antioxidativen Schutzenzyms Superoxiddismutase gefunden. Diese Mutation führt zu einer geringeren Aktivität des Enzyms, begleitet von einer Tendenz zur Aggregation und Ablagerung. Aus diesem Grund wird eine Beteiligung von oxidativen Prozessen bei allen Formen der ALS diskutiert oder zumindest nicht ausgeschlossen.

4.2.4 Morbus Huntington (Huntington's Disease, HD)

Früher wurde die Erkrankung oft nach dem Symptom Chorea Huntington (= Veitstanz) bezeichnet. Heute weiß man, dass dieses pathologische Symptom das Resultat einer neurodegenerativen Erbkrankheit ist. Das Protein Huntingtin akkumuliert in zytosolischen oder Zellkern-lokalisierten Proteinaggregaten in Neuronen des Corpus striatum. Das Huntingtin-Protein, das auf Chromosom 4 lokalisiert ist, enthält ein sogenanntes CAG-Triplett Motiv. Diese Abfolge von 3 Basenpaaren (Triplett) kann verschieden oft vorkommen. Bis zu 35 Wiederholungen sind ohne pathologische Konsequenzen. Kommt es jedoch durch genetische Veränderungen zu mehr Wiederholungen (bis zu mehreren hundert Wiederholungen sind beschrieben) bricht Morbus Huntington aus. Je größer die Anzahl der Wiederholungen, desto früher bricht die Erkrankung aus. Auf Grund dieser Ursache gehört Morbus Huntington zu den triplett-repeat-Erkrankungen (Trinukleotiderkrankung), die auch als Polyglutaminerkrankungen bezeichnet werden, da das CAG-Triplett im Protein die Aminosäure Glutamin ergibt. Es gibt mehrere Polyglutaminerkrankungen. Durch diese Polyglutaminketten im Huntingtin-Protein kommt es zu dessen Proteolyseresistenz und Aggregation. Diese führt über Stoffwechselveränderungen zum neuronalen Zelltod. Auf Grund der betroffenen Neuronen kommt es zu hyperkinetischen Anfällen (Veitstanz), aber auch zu psychischen Auffälligkeiten und Demenz.

4.2.5 Neuronale Lipofuszinose (Neuronal Ceroid Lipofuscinosis, NCL)

Diese neurodegenerative Erkrankung ist durch die Ansammlung von autofluoreszierendem Material in Autophagosomen bzw. Lysosomen gekennzeichnet. Neuronenpopulationen des Gehirns scheinen selektiv betroffen zu sein, betroffene

Neuronen unterliegen einem progressiven Zelltod. In verschiedenen Formen der Erkrankung sind verschiedene lysosomale Proteasen betroffen, die durch Mutationen nicht effektiv wirken. Eine Form der neuronalen Lipofuszinosen ist durch die Expression einer inaktiven Form des Cathepsin D gekennzeichnet. Durch die Mutation kommt es zwar zum Vorhandensein eines stabilen, aber enzymatisch nicht aktiven Enzyms (Junaid et al. 2000; Tyynela et al. 2000). Auf Grund der zentralen Rolle des Cathepsin D im lysosomalen Proteinabbau, kommt es bei seiner Fehlfunktion zu der Ansammlung von autofluoreszierendem Proteinmaterial.

Proteinaggregate in Neurodegeneration und Alterung

5

Unter Proteinaggregaten versteht man Komplexe von Proteinen, die unter physiologischen Bedingungen nicht permanent interagieren. Solche Aggregate können interne Strukturen haben oder amorph, kovalent vernetzt sowie nur durch hydrophobe Wechselwirkungen miteinander verbunden sein. Proteinaggregate sind in der Regel nicht löslich und werden häufig weiter prozessiert, d. h. sie unterliegen Veränderungen im Stoffwechsel, etwa der kovalenten Reaktion mit chemisch aktiven Metaboliten (Aldehyden, Kohlenhydraten, Oxidantien) oder auch enzymatischen Veränderungen, wie Phosphorylierungen oder Ubiquitinierungen. Proteinaggregate haben Auswirkungen auf zelluläre Funktionen. Diese metabolischen Funktionen sind in der Regel unabhängig von der ursprünglichen (enzymatischen) Funktion der aggregierten Proteine.

Natürlich gefaltet Proteine aggregieren nur, wenn ihre Funktion es erfordert. Bei Störung der normalen Proteinfaltung kommt es aber zu spontaner, zufälliger Interaktion dieser fehlgefalteten Proteine, oft bedingt durch hydrophobe Wechselwirkungen. Schätzungsweise 30 % der neu-synthetisierten Proteine einer Zelle werden nicht richtig gefaltet, dazu kommen noch Proteine, die durch thermische, chemische oder oxidative Reaktionen entfaltet werden. Auch mutierte Proteine liegen oft fehlgefaltet vor.

All diese fehlgefalteten Proteine werden normalerweise abgebaut, meist durch das Ubiquitin-Proteasom-System. Kommt es nicht zum ausreichenden Abbau dieser fehlgefalteten Proteine, aggregieren sie. Proteinaggregate unterliegen generell einem langsameren Abbau als einzelne Proteine, wenn sie überhaupt abgebaut werden können. Durch die im Vergleich zum Einzelprotein relativ längere Lebenszeit dieser Proteinaggregate sind sie lange Stoffwechseleinflüssen ausgesetzt. Damit kommt es zu chemischen Reaktionen mit oxidierenden und modifizierenden Agenzien. Diese führen zu Vernetzungen der Proteinaggregate selbst, aber auch zum ‚Wachstum' der Aggregate durch Bindung weiterer Proteine. Dieser Prozess der Bildung und des Wachstums der Proteinaggregate ist offensichtlich langsam

T. Grune, *Alterungsprozesse und Neurodegeneration*, essentials,
DOI 10.1007/978-3-658-05614-8_5, © Springer Fachmedien Wiesbaden 2014

und kann sich über Jahre und Jahrzehnte hinziehen, unter anderem, weil zelluläre proteolytische Systeme dem immer wieder entgegenwirken. Es sei an dieser Stelle noch erwähnt, dass ein kovalent vernetztes Proteinaggregat in Säugerzellen nicht abbaubar ist und nicht ausgestoßen werden kann, d. h. einmal gebildet ist es für die Lebenszeit der Zelle vorhanden. Die Bildungs- und Wachstumsrate solcher Proteinaggregate hängt von vielen Faktoren ab, dazu gehören Stoffwechselbedingungen, genetische Prädispositionen und Nährstoffversorgung der Zellen.

Die endgültige Akkumulation der Proteinaggregate findet entweder in Autosomen/Lysosomen oder in Aggresomen statt. Während erstere von Membranen umschlossen sind, sind Aggresomen Proteinaggregate, die von einem Geflecht (oder Netz) von Proteinen umschlossen sind. Beide Formen des strukturellen Einschlusses verhindern offensichtlich ein schnelles weiteres Wachstum der Aggregate.

Wie oben bereits erwähnt, kommt es aus verschiedenen (oft unbekannten) Ursachen bei neurodenerativen Erkrankungen zur Akkumulation bestimmter Proteine. Im Alterungsprozess kommt es ebenfalls zur Akkumulation unspezifischer Proteinaggregate. Diese werden häufig als Lipofuszin bezeichnet. Verschiedene Autoren verwenden aber oft unterschiedliche Bezeichnungen, wie „Einschlüsse" (inclusion bodies), „ceroidale Ablagerungen" (ceroid), manchmal auch „Plaques". Die Verwendung des Begriffs Proteinaggregat schließt in der Regel alle Proteinakkumulationen mit ein, während der Begriff Plaque sich immer auf extrazelluläre Aggregate bezieht.

Ernährung und Alter – Prävention von Neurodegeneration?

6

Ernährung ist einer der Life-Style-Faktoren, die das Wohlbefinden und die Gesundheit wesentlich beeinflussen. Das trifft selbstverständlich nicht nur im Alter, sondern während des gesamten Lebens zu. Auch kann man davon ausgehen, dass Lebensstil und Ernährung früherer Lebensabschnitte den Gesundheitszustand im Alter maßgeblich beeinflussen. Aus diesem Grunde ist die Gruppe der ‚älteren' Personen sehr inhomogen, in Abhängigkeit vom Individuum und natürlich den früheren Lebensgewohnheiten. Hier soll nicht auf die gesamte Palette der Ernährungsempfehlungen während aller Lebensalter eingegangen werden, sondern nur einige speziell für alte Menschen wichtige Ernährungsprobleme erwähnt werden.

Im Gegensatz zu der durchschnittlichen Ernährungslage der Bevölkerung heute, ist bei alten Menschen häufig eine Mangelernährung festzustellen. Diese kann sowohl im Protein-kalorischen Bereich liegen (protein-energy malnutrition PEM) oder eine Unterversorgung mit Mikronährstoffen sein (Vetta et al. 1999). Keller hat 1993 „Mangelernährung" wie folgt definiert: Mangelernährung kann entweder eine Form der Unterversorgung (Protein-kalorischer Mangel, Vitamin oder Mineralstoffmangel) oder eine Unausgewogenheit der Ernährung durch unausgeglichene Zufuhr (auch übermäßiger Alkoholkonsum) sein (Keller 1993).

Vorliegende Daten zeigen in Kohorten alter Menschen breite Schwankungen in der Inzidenz von Mangelernährung. Das kann zum einen in Problemen bzw. Unterschieden in der jeweiligen Erfassungsmethode und zum anderen auch in der Auswahl der untersuchten Kohorte liegen. Die Kohortenauswahl kann auf verschiedene Altersgruppen (z. B. oft untersucht werden über 65-, über 70- oder über 80-jährige) beschränkt werden, oder auf verschiedene Grundkohorten, z. B. geriatrische oder onkologische Krankenhauseinweisungen, Pflegeheime, oder ähnliches. Damit werden verschiedene Gruppen der älteren Bevölkerung erfasst, die möglicherweise unterschiedliche Ernährungsgewohnheiten haben. Studien zeigen, dass bis zu 40 % der Individuen in den untersuchten Kohorten alter Menschen an einer Protein-kalorischen-Mangelernährung leiden (Barton et al. 2000; Morley 1997;

T. Grune, *Alterungsprozesse und Neurodegeneration*, essentials,
DOI 10.1007/978-3-658-05614-8_6,

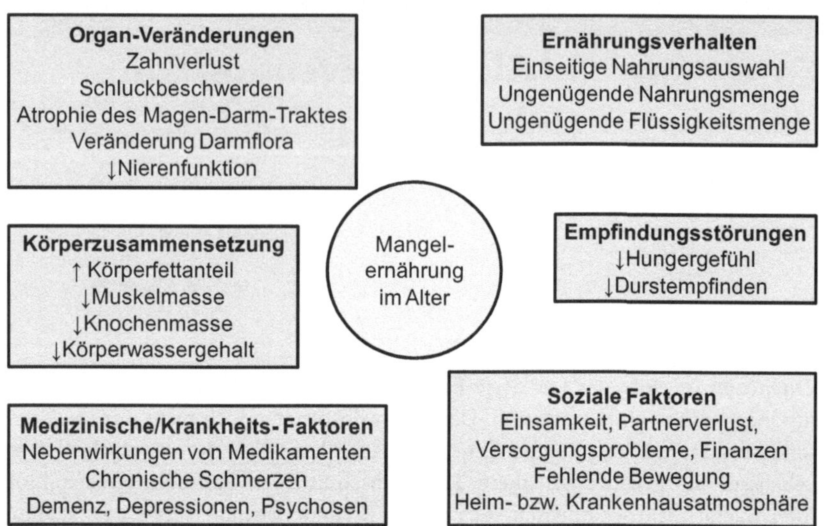

Abb. 6.1 Wesentliche Ursachen für die Mangelernährung im Alter

Volkert 1996). Andererseits bedeutet Alter *per se* nicht Mangelernährung, sondern dass Mangelernährung im Alter eher bestimmte physische und soziale Bedingungen wiederspiegelt, wie Armut, Einsamkeit usw. (Tierney 1996). Somit führt eine Vielzahl von Faktoren zu einer verringerten Nährstoffzufuhr. Einige, wesentliche Ursachen für Mangel- und Fehlernährung im Alter sind in Abb. 6.1 getrennt nach Gruppen aufgeführt. Diese Darstellung ist nicht vollständig und soll nur einen Eindruck in die Komplexizität des Geschehens geben (nach Pirlich et al. 2006; Volkert 2004; Volkert 2010). In vielen Fällen kann das darauf aufmerksam machen, den betroffenen Personen bzw. der Familie der Betroffenen helfen erste Abhilfe zu schaffen. In betreuten Wohnformen sollte das Personal entsprechend geschult sein und auf die spezifischen Ernährungsprobleme der Betroffenen eingehen können.

Neben dem bereits erwähnten Protein-kalorischen Mangel kommt es bei alten Menschen häufig auch zu ausgeprägten Mikronährstoffdefiziten, genannt seien hier Kalzium, Vitamin D und Vitamin B12. Wenn die entsprechenden Nährstoffe nicht ausreichend über die Nahrung zugeführt werden können, sollte über eine Supplementation nachgedacht werden. In ausgeprägten Fällen der Mangelernährung besteht die Möglichkeit einer medizinischen (Sonden-vermittelten) enteralen Nährstoffzufuhr.

Die bereits beschriebene Mangelernährung kann mögliche Ursache für einen fortschreitenden Abbau neuronaler Strukturen und damit auch kognitiver Funktionen bei älteren Menschen sein (Everitt et al. 2006). Viele Patienten mit neurodegenerativen Erkrankungen sind durch einen schlechten Ernährungszustand gekennzeichnet (Hickson 2006). Die Gründe dafür sind ebenfalls vielfältig.

Es sei darauf hingewiesen, dass aber bereits im mittleren Lebensalter Gewohnheiten festgelegt werden, die sich bis ins hohe Alter halten. Weiterhin ist bemerkenswert, dass einige neurodegenerative Veränderungen, wie sie z. B. bei der Alzheimerschen Erkrankung beschrieben werden, bereits jenseits des 40. Lebensjahres beginnen, d. h. eine früh einsetzende gesunde Ernährung ist vorteilhaft für die spätere Prognose. Auch bei verschiedenen neurodegenerativen Erkrankungen wurden Interventions- und Beobachtungsstudien mit verschiedenen Nahrungssupplementen durchgeführt. Diese begannen allerdings oft erst im höheren Lebensalter bzw. nach dem Einsetzen erster Symptome der Erkrankungen. So gibt es Untersuchungen zu Antioxidantien, unter anderem weil ein hoher Gemüseverzehr mit einer Risikoreduktion in der Wahrscheinlichkeit, an Demenz zu erkranken, postuliert wird (Charlton 2002). Sano (Sano et al. 1997) fand eine Verzögerung des Fortschreitens der Symptome der Alzheimerschen Erkrankung durch Vitamin E.

Somit scheint die Verringerung des beim Altern und bei neurodegenerativen Prozessen auftretenden oxidativen Stresses (sei er primär oder sekundär an der Pathophysiologie beteiligt) und der kalorischen- sowie Mikronährstoff-Unterversorgung ein möglicher Weg den Zustand der Patienten zu verbessern.

7 Zusammenfassung

Alterung ist ein komplexer Prozess der alle Ebenen des Lebens eines Individuums betrifft, und sowohl biologische, psychische als auch soziale Komponenten aufweist. Alle Zellen und Organe eines Organismus unterliegen altersabhängigen Veränderungen, die im Wesentlichen durch eine Erhöhung der Stressanfälligkeit und eine eingeschränkte funktionale Reserve charakterisiert sind. Aus diesen Einschränkungen können sich oft im Laufe von Jahrzehnten altersassoziierte Erkrankungen herausbilden. Lebensstil und Ernährung können die Alterung maßgeblich beeinflussen und sowohl beschleunigen, als auch verzögern

T. Grune, *Alterungsprozesse und Neurodegeneration*, essentials,
DOI 10.1007/978-3-658-05614-8_7,

Literatur

Allen RG et al (1995) Expression and regulation of superoxide dismutase activity in human skin fibroblasts from donors of different ages. J Cell Physiol 165:576–587

Allen RG et al (1999) Differences in electron transport potential, antioxidant defenses, and oxidant generation in young and senescent fetal lung fibroblasts (WI-38). J Cell Physiol 180:114–122

Ames BN (1989) Endogenous DNA damage as related to cancer and aging. Mutat Res 214:41–46

Arnheim N, Cortopassi G (1992) Deleterious mitochondrial DNA mutations accumulate in aging human tissues. Mutat Res 275:157–167

Arnold J, Grune T (2002) PARP-mediated proteasome activation: a co-ordination of DNA repair and protein degradation? Bioessays 24:1060–1065

Barton AD et al (2000) A recipe for improving food intakes in elderly hospitalized patients. Clin Nutr 19:451–454

Beckman KB, Ames BN (1998) The free radical theory of aging matures. Physiol Rev 78: 547–581

Beyer RE et al (1985) Tissue coenzyme Q (ubiquinone) and protein concentrations over the life span of the laboratory rat. Mech Ageing Dev 32:267–281

Breusing N, Grune T (2008) Regulation of the proteasome-mediated protein degradation during oxidative stress and aging. Biol Chem 389:203–209

Breusing N et al (2009) Inverse correlation of protein oxidation and proteasome activity in liver and lung. Mech Ageing Dev 130:748–753

Breusing N et al (2010) An inter-laboratory validation of methods of lipid peroxidation measurement in UVA-treated human plasma samples. Free Radic Res 44:1125–1171

Butterfield DA et al (1998) Structural and functional changes in proteins induced by free radical-mediated oxidative stress and protective action of the antioxidants N-tert-butyl-alpha-phenylnitrone and vitamin E. Ann N Y Acad Sci 854:448–462

Calabrese EJ (2013) Biphasic dose responses in biology, toxicology and medicine: accounting for their generalizability and quantitative features. Environ Pollut 182:452–460

Catalgol B et al (2010) Chromatin repair after oxidative stress: role of PARP-mediated proteasome activation. Free Radic Biol Med 48:673–680

Charlton KE (2002) Eating well: ageing gracefully! Asia Pac J Clin Nutr 11(Suppl 3):S607–S617

Chia LS et al (1983) Changes in lipid phase behaviour in human myelin during maturation and aging. Involvement of lipid peroxidation. FEBS Lett 157:155–158

T. Grune, *Alterungsprozesse und Neurodegeneration*, essentials,
DOI 10.1007/978-3-658-05614-8, © Springer Fachmedien Wiesbaden 2014

Chondrogianni N et al (2014) Protein damage, repair and proteolysis. Mol Aspects Med 35:1–71
De AK, Darad R (1991) Age-associated changes in antioxidants and antioxidative enzymes in rats. Mech Ageing Dev 59:123–128
De Haan JB et al (1992) Cu/Zn superoxide dismutase mRNA and enzyme activity, and susceptibility to lipid peroxidation, increases with aging in murine brains. Brain Res Mol Brain Res 13:179–187
De la Asuncion JG et al (1996) Mitochondrial glutathione oxidation correlates with age-associated oxidative damage to mitochondrial DNA. FASEB J 10:333–338
Dean RT et al (1997) Biochemistry and pathology of radical-mediated protein oxidation. Biochem J 324:1–18
Duncan MR et al (1979) Superoxide dismutase specific activities in cultured human diploid cells of various donor ages. J Cell Physiol 98:437–441
Dunn JA et al (1989) Oxidation of glycated proteins: age-dependent accumulation of N epsilon-(carboxymethyl)lysine in lens proteins. Biochemistry 28:9464–9468
Everitt AV et al (2006) Dietary approaches that delay age-related diseases. Clin Interv Aging 1:11–31
Fahn HJ et al (1996) Age-related 4,977 bp deletion in human lung mitochondrial DNA. Am J Respir Crit Care Med 154:1141–1145
Fujibayashi Y et al (1998) Increased mitochondrial DNA deletion in the brain of SAMP8, a mouse model for spontaneous oxidative stress brain. Neurosci Lett 254:109–112
Ghatak S, Ho SM (1996) Age-related changes in the activities of antioxidant enzymes and lipid peroxidation status in ventral and dorsolateral prostate lobes of noble rats. Biochem Biophys Res Commun 222:362–367
Grimm S et al (2011) Protein oxidative modifications in the ageing brain: consequence for the onset of neurodegenerative disease. Free Radic Res 45:73–88
Grune T (2000) Oxidative stress, aging and the proteasomal system. Biogerontology 1:31–40
Grune T (2002) Oxidants and antioxidative defense. Hum Exp Toxicol 21:61–62
Grune T, Davies KJA (2001) Oxidative processes in aging. In: Handbook of the biology of aging, 5. Aufl. Academic, San Diego
Gupta KP et al (1990) Age-dependent covalent DNA alterations (I-compounds) in rat liver mitochondrial DNA. Mutat Res 237:17–27
Haller D et al (2013) Biofunktionalität der Lebensmittelinhaltsstoffe. Springer Spektrum, Berlin
Harman D (1956) Aging: a theory based on free radical and radiation chemistry. J Gerontol 11:298–300
Hayakawa M et al (1992) Age-associated oxygen damage and mutations in mitochondrial DNA in human hearts. Biochem Biophys Res Commun 189:979–985
Hayakawa M et al (1993) Age-associated damage in mitochondrial DNA in human hearts. Mol Cell Biochem 119:95–103
Hickson M (2006) Malnutrition and ageing. Postgrad Med J 82:2–8
Higami Y et al (1994) Vulnerability to oxygen radicals is more important than impaired repair in hepatocytic deoxyribonucleic acid damage in aging. Lab Invest 71:650–656
Höhn A et al (2013) Protein oxidation in aging and the removal of oxidized proteins. J Proteomics 92:132–159
Hunt JV, Wolff SP (1991) Oxidative glycation and free radical production: a causal mechanism of diabetic complications. Free Radic Res Commun 12–13:115–123

Isin EM, Guengerich FP (2007) Complex reactions catalyzed by cytochrome P450 enzymes. Biochim Biophys Acta 1770:314–329

Ito Y et al (1998) Impaired glutathione peroxidase activity accounts for the age-related accumulation of hydrogen peroxide in activated human neutrophils. J Gerontol A Biol Sci Med Sci 53:M169–M175

Iyama T, Wilson DM (2013) DNA repair mechanisms in dividing and non-dividing cells. DNA Repair (Amst) 12:620–636

Junaid G et al (2000) Purification and characterization of bovine brain lysosomal pepstatin-intensive proteinase, the gene deficient in the human late-infantile neuronal ceroid lipofuscinosis. J Neurochem 74:287–294

Jung T et al (2007) Lipofuscin: formation, distribution and metabolic consequences. Ann N Y Acad Sci 1119:97–111

Juurlink BH et al (1998) Peroxide-scavenging deficit underlies oligodendrocyte susceptibility to oxidative stress. Glia 22:371–378

Kästle M, Grune T (2011) Protein oxidative modification in the ageing organism and the role of the ubiquitin proteasomal system. Cur Pharm Des 17:4007–4022

Kazachkova N et al (2013) Mitochondrial DNA damage patterns and aging: revising the evidences for humans and mice. Aging Dis 4:337–350

Keller HH (1993) Malnutrition in institutionalized elderly: how and why? J Am Geriatr Soc 41:1212–1218

Kurata M et al (1993) Antioxidant systems and erythrocyte life-span in mammals. Comp Biochem Physiol B 106:477–487

Lippman RD (1985) Rapid in vivo quantification and comparison of hydroperoxides and oxidized collagen in aging mice, rabbits and man. Exp Gerontol 20:1–5

Merker K, Grune T (2000) Proteolysis of oxidised proteins and cellular senescence. Exp Gerontol 35:779–786

Merker K et al (2001) Proteolysis, caloric restriction and aging. Mech Ageing Dev 122:595–615

Mo JQ et al (1995) Decreases in protective enzymes correlates with increased oxidative damage in the aging mouse brain. Mech Ageing Dev 81:73–82

Morley JE (1997) Anorexia of aging. Physiologic an pathologic. Am J Clin Nutr 66:760–773

Muscari C et al (1996) Presence of a DNA-4236 bp deletion and 8-hydroxy-deoxyguanosine in mouse cardiac mitochondrial DNA during aging. Aging (Milano) 8:429–433

Naskalski JW, Bartosz G (2000) Oxidative modifications of protein structures. Adv Clin Chem 35:161–253

Nass N et al (2007) Advanced glycation end products, diabetes and ageing. Z Gerontol Geriatr 40:349–356

Nedić O et al (2013) Molecular effects of advanced glycation end products on cell signalling pathways, ageing and pathophysiology. Free Radic Res 47:28–38

Ning YC et al (2013) Short-term calorie restriction protects against renal senescence of aged rats by increasing autophagic activity and reducing oxidative damage. Mech Ageing Dev 134:570–579

Park CB, Larsson NG (2011) Mitochondrial DNA mutations in disease and aging. J Cell Biol 193:809–818

Pirlich M et al (2006) The German hospital malnutrition study. Clin Nutr 25:563–572

Rikans LE, Cai Y (1992) Age-associated enhancement of diquat-induced lipid peroxidation and cytotoxicity in isolated rat hepatocytes. J Pharmacol Exp Ther 262:271–278

Rikans LE, Hornbrook KR (1997) Lipid peroxidation, antioxidant protection and aging. Biochim Biophys Acta 1362:116–127

Rodriguez-Martinez MA, Ruiz-Torres A (1992) Homeostasis between lipid peroxidation and antioxidant enzyme activities in healthy human aging. Mech Ageing Dev 66:213–222

Sai K et al (1992) Changes of 8-hydroxydeoxyguanosine levels in rat organ DNA during the aging process. J Environ Pathol Toxicol Oncol 11:139–143

Sano M et al (1997) A controlled trial of selegiline, alpha-tocopherol, or both as treatment for Alzheimer's disease. The Alzheimer's disease cooperative study. N Engl J Med 336:1216–1222

Sawada M, Carlson JC (1987) Changes in superoxide radical and lipid peroxide formation in the brain, heart and liver during the lifetime of the rat. Mech Ageing Dev 41:125–137

Semsei I et al (1991) Expression of superoxide dismutase and catalase in rat brain as a function of age. Mech Ageing Dev 58:13–19

Sharma SP, Wadhwa R (1983) Effect of butylated hydroxytoluene on the life span of *Drosophila bipectinata*. Mech Ageing Dev 23:67–71

Siems W, Grune T (2003) Intracellular metabolism of 4-hydroxynonenal. Mol Aspects Med 24:167–175

Siems W et al (1995) Oxidativer Stress und Pharmaka. Govi-Verlag Pharmazeutischer, Eschborn

Sies H (1997) Oxidative stress: oxidants and antioxidants. Exp Physiol 82:291–295

Sohal RS et al (1990) Relationship between antioxidant defenses and longevity in different mammalian species. Mech Ageing Dev 53:217–227

Stadtman ER (1990) Metal ion-catalyzed oxidation of proteins: biochemical mechanism and biological consequences. Free Radic Biol Med 9:315–325

Stolzing A, Grune T (2003) Impairment of protein homeostasis and decline of proteasome activity in microglial cells from adult Wistar rats. J Neurosci Res 71:264–271

Stolzing A et al (2006) Tocopherol-mediated modulation of age-related changes in microglial cells: turnover of extracellular oxidized protein material. Free Radic Biol Med 40:2126–2135

Tierney AJ (1996) Undernutrition and elderly hospital patients: a review. J Adv Nurs 23:228–246

Tyynela I et al (2000) A mutation in the ovine cathepsin D gene causes a cogential lysosomal storage disease with profound neurodegenration. EMBO J 19:2786–2792

Vandewoude MF, Vandewoude MG (1987) Vitamin E status in a normal population: the influence of age. J Am Coll Nutr 6:307–311

Vericel E et al (1994) Age-related changes in antioxidant defence mechanisms and peroxidation in isolated hepatocytes from spontaneously hypertensive and normotensive rats. Mol Cell Biochem 132:25–29

Vetta F et al (1999) The impact of malnutrition on the quality of life in the elderly. Clin Nutr 18:259–267

Volkert D (1996) Ernährungsprobleme in der Geriatrie – Mangelernährung bei geriatrischen Patienten. Akt Ernähr-Med 21:200–202

Volkert D (2004) Energy and nutrient intake of young-old, old-old and very-old elderly in Germany. Eur J Clin Nutr 58:1190–1200

Volkert D (2010) Ernährung im Alter. In: Biesalski HK et al (Hrsg) Ernährungsmedizin, 4. Aufl. Thieme, Stuttgart

Villeponteau B et al (2000) Nutraceutical interventions may delay aging and the age-related diseases. Exp Gerontol 35:1405–1417

Widmer R et al (2006) Protein oxidation and degradation during aging: role in skin aging and neurodegeneration. Free Radic Res 40:1259–1268

Wolff SP et al (1991) Protein glycation and oxidative stress in diabetes mellitus and ageing. Free Radic Biol Med 10:339–352

Xi H et al (2013) Telomere, aging and age-related diseases. Aging Clin Exp Res 25:139–146

Zhang JR et al (1994) Age-related phospholipid hydroperoxide levels in gerbil brain measured by HPLC-chemiluminescence and their relation to hydroxyl radical stress. Brain Res 639:275–282